Kamal Bhusal
Roshan Subedi
Jiban Shrestha

Linhagens de milho em diferentes datas de sementeira

Kamal Bhusal
Roshan Subedi
Jiban Shrestha

Linhagens de milho em diferentes datas de sementeira

ScienciaScripts

Imprint

Cover image: www.ingimage.com

This book is a translation from the original published under ISBN 978-3-659-89213-4.

Publisher:
Sciencia Scripts
is a trademark of
Dodo Books Indian Ocean Ltd. and OmniScriptum S.R.L publishing group

120 High Road, East Finchley, London, N2 9ED, United Kingdom
Str. Armeneasca 28/1, office 1, Chisinau MD-2012, Republic of Moldova, Europe
Managing Directors: Ieva Konstantinova, Victoria Ursu
info@omniscriptum.com

Printed at: see last page
ISBN: 978-620-8-56201-4

AGRADECIMENTOS

I Gostaria de expressar a minha sincera gratidão, apreço e agradecimento ao Instituto de Agricultura e Ciências Animais (IAAS), Campus de Lamjung, pelo apoio à minha investigação. Agradeço ao meu principal orientador, Roshan Subedi, pelo seu apoio, conselhos e sugestões, apesar dos seus outros compromissos académicos e profissionais. Devo também agradecer ao meu outro conselheiro do Programa Nacional de Investigação do Milho (NARC), o cientista Jiban Shrestha (S1), pelo seu apoio, encorajamento e aconselhamento durante a preparação do relatório, bem como pela disponibilização dos recursos necessários à minha investigação.

I Lal Prasad Amgain, Diretor do Campus, IAAS, Lamjung, pelo seu apoio administrativo à minha investigação. Gostaria de agradecer ao Professor Associado Bishnu Bilas Adhikari e ao Dr. Madhav Neupane pelo seu incentivo a esta investigação.

Gostaria de agradecer particularmente ao cientista Jagat Bandhu Adhikari e aos seus amigos Neeraj Ghimire, Nabin Bhandari e Shangita Subedi, que me ajudaram na minha investigação.

KAMAL BHUSAL

ÍNDICE DE CONTEÚDOS

ACRÓNIMOS E ABREVIATURAS

MOAD	Ministry of Agriculture Department
GDP	Gross Domestic Product
RCBD	Randomized Complete Block Design
FYM	Farmyard Manure
DAP	Diammonium phosphate
MOP	Murate of Potash
GDD	Growing Degree Days
TU	Thermal Unit
RML	Rampur Maize Line
NML	Nepal Maize Line

RESUMO

A experiência de campo foi conduzida no Programa Nacional de Investigação do Milho, Rampur, Chitwan, Nepal, para avaliar o efeito das datas de sementeira no rendimento e noutras caraterísticas agronómicas das linhas puras de milho. Sete linhas puras de milho (NML-2, RML-17, RML-32, RML-4, RML-86, RML-95 e RML-96) foram semeadas em três datas diferentes (2 de setembro, 12 de setembro, 22 de setembro de 2015) durante o inverno, utilizando um desenho de blocos completos aleatórios com dois repetições. Os resultados da experiência mostraram que as caraterísticas morfológicas, bem como as caraterísticas relacionadas com o rendimento e a produtividade, foram significativamente afectadas pelas diferentes datas de plantação. A linha pura RML-17 foi superior, produzindo o maior rendimento de grãos, enquanto a linha NML-2 foi a menos produtiva durante a estação de inverno. O maior rendimento foi obtido quando as linhas consanguíneas foram plantadas a 12 de setembro e o menor rendimento a 2 de setembro. A plantação entre 2 e 12 de setembro aumentou o rendimento. A plantação tardia, ou seja, a 22 de setembro, diminuiu o rendimento do grão. Por conseguinte, a plantação a 12 de setembro foi adequada para as linhas puras, a fim de maximizar a produção de grãos.

Palavras chave: Datas de plantação, linha de milho e rendimento

DEDICADO A
OS MEUS PAIS

1 INTRODUÇÃO

1.1 Contexto

O milho *(Zea mays* L.) ocupa a segunda maior área cultivada (849635 ha) no país, a seguir ao arroz (1420570 ha). Da área total cultivada com cereais (3339077 ha), o milho representa 25,44%. A contribuição do sector agrícola e florestal para o PIB é de 34,74% e 65,6% da população trabalha no sector agrícola. A produtividade média nacional do milho é de 2353 kg/ha (MOAD, 2013). Da produção total de cereais do país (8580285 mt), o milho contribui com 23,29%. O rendimento das sementes de milho é constituído por diferentes contribuições proporcionais do fator efetivo em todas as fases de crescimento, desde a emergência até à maturidade. Para compreender melhor os efeitos do clima e do cultivo no rendimento do milho e na qualidade do grão, é necessária uma investigação intensiva que avalie diferentes localizações geográficas, datas de sementeira e seleção de genótipos. A fim de minimizar os efeitos negativos de certas tensões abióticas e bióticas nas plantas, a data de sementeira pode desempenhar um papel importante na determinação do rendimento, da qualidade e da germinação das sementes, bem como na compreensão das fases fenológicas gerais em muitas regiões. Alguns investigadores salientaram que o efeito da data de sementeira e da densidade de plantação no milho, em particular, indica que o atraso na sementeira reduz o número de grãos no milho (Cantarero et al., 2000). Shunway et al (1992) explicaram que o plantio tardio reduz os componentes de qualidade e desempenho do milho. As sementeiras precoces e intermédias tendem a fazer melhor uso da radiação solar para a produção de grãos (Otegui et al., 1995).

Cada híbrido tem uma data óptima de sementeira, e quanto mais se desviar dessa data óptima (sementeira precoce ou tardia), maior será a perda de rendimento (Sarvari e Futo, 2000; Berzsenyi e Lap, 2001). Verificou-se que a data de sementeira afecta significativamente o crescimento e o rendimento do milho. Atualmente, o desafio para os produtores de milho é encontrar a estreita janela entre a plantação demasiado cedo e a plantação demasiado tarde que lhes dará o melhor rendimento possível (Nielson et al., 2002). Os agricultores que plantam o milho cedo preocupam-se com as geadas, a fraca emergência e o crescimento precoce das plantas. Por outro lado, os agricultores que plantam tarde interrogam-se sobre quais os híbridos de maturidade a plantar e como a plantação tardia pode afetar o rendimento final e a humidade dos grãos (Lauer et al., 1999). Quer sejam semeadas cedo ou tarde, os rendimentos podem ser inferiores devido à probabilidade de ocorrência de condições climatéricas adversas após a sementeira ou durante o período de crescimento. Norwood (2001) sugeriu que os agricultores plantassem em mais do que uma data para se protegerem contra estações inesperadas.

Crescimento e desenvolvimento são conceitos diferentes, embora tenham fases relacionadas. O crescimento da planta refere-se ao aumento irreversível do tamanho dos órgãos ou de toda a planta (comprimento, área de superfície, volume e peso), enquanto o desenvolvimento da planta se refere a processos relacionados com a diferenciação celular, a iniciação dos órgãos, o desenvolvimento dos membros e estende-se até à senescência da planta (Streck et al., 2003). A seleção de genótipos adaptados e as práticas de gestão no terreno, como a fertilização, o controlo de pragas e a irrigação, foram referidas por Streck et al. (2003). A temperatura é um importante agente ambiental que determina a taxa de crescimento e desenvolvimento das plantas. Diferentes genótipos podem comportar-se de forma diferente em condições ambientais semelhantes. O desenvolvimento do milho é determinado principalmente pela temperatura, sendo a temperatura do ar teoricamente capaz de melhorar o desenvolvimento do milho desde a emergência até à maturidade fisiológica (Cutforth e Shaykewich, 1990). Muchow (1990) demonstrou que o crescimento das sementes pode ser diretamente influenciado pela temperatura do ar. Diferentes datas de sementeira podem resultar em diferentes condições ambientais desde a emergência da semente até ao seu enchimento. O índice de temperatura mais comummente utilizado para estimar o desenvolvimento das plantas é o grau-dia de crescimento (GDD), ou unidade térmica (TU). A acumulação de GDD determina a maturidade da planta, o rendimento e os componentes do rendimento. Sur e Sharma (1999) referiram que o total de GDD diminuiu de 1731 para 1621 com o atraso da sementeira, uma vez que as plantas semeadas mais tarde registaram temperaturas mais baixas durante o período de enchimento das sementes ( ). Akasha (1968) mostrou que a temperatura elevada reduziu o número de perfilhos e o peso das sementes, porque o período entre a antese e a senescência foi encurtado por uma temperatura relativamente elevada. Fischer (1985) demonstrou que a duração térmica necessária para uma determinada fase de crescimento é mais ou menos constante.

1.2 Objetivo

1.2.1 Objetivo geral

Aumento da produção e da produtividade do milho no Nepal.

1.2.2 Objectivos específicos

- Identificar a data óptima de plantação das linhas puras.
- Identificar linhas puras superiores de milho de elevado rendimento.
- Determinar os efeitos de interação entre as datas de plantação e as linhas de milho.
- Determinar os efeitos das datas de plantação nas caraterísticas agro-morfológicas das linhas puras.

2 ANÁLISE DOCUMENTAL

Os factores ambientais, como a temperatura, a radiação e a água, variam aleatoriamente em torno das suas tendências sazonais médias, o que leva a incertezas na produção agrícola durante a estação principal. O maior desafio é determinar o momento ideal para plantar híbridos precoces ou tardios, particularmente quando a janela de plantação é encurtada pelas condições climatéricas ou por problemas de gestão. Devido às diferenças de maturidade e à duração das estações de crescimento, as datas de plantação ideais para os híbridos de milho variam de local para local e de estação para estação dentro do mesmo local. No entanto, para maximizar os rendimentos e a rentabilidade, é essencial selecionar o híbrido de milho com a maturidade certa para a janela de plantação disponível para o agricultor. A investigação demonstrou que a plantação de híbridos precoces penaliza o rendimento se a duração da estação for suficiente para os híbridos de maturação mais tardia (Sorensen *et al.*, 2000). Os híbridos de maturação precoce geralmente não conseguem utilizar plenamente a radiação solar disponível durante o período em que as temperaturas são favoráveis ao crescimento e, por conseguinte, não realizam todo o potencial de rendimento da estação de crescimento e dos factores de produção fornecidos pelo agricultor (Lauer, 1998). Do mesmo modo, os híbridos tardios podem não atingir a maturidade antes da primeira geada mortal. Quando plantados tardiamente, os híbridos precoces podem igualar ou ultrapassar os híbridos de estação inteira (Staggenborg *et al.*, 1999). Os híbridos precoces podem também ser mais rentáveis, uma vez que os híbridos tardios podem exigir uma secagem artificial adicional para uma armazenagem segura. As interações entre o ambiente e o crescimento ou desenvolvimento da cultura influenciam a duração do ciclo da cultura e os rendimentos de diferentes formas. Por exemplo, se os níveis de radiação fotossinteticamente ativa interceptada (IPAR) por planta na altura da floração forem baixos, a frutificação diminui e o índice de colheita (HI) pode ser significativamente reduzido. Em condições de crescimento favoráveis, a taxa de produção de assimilados, que determina o rendimento do milho, é determinada pelo IPAR e pela taxa de fotossíntese das folhas (Monteith, 1977). A interceção da radiação é largamente determinada pelo índice de área foliar (IAF), que, por sua vez, é influenciado pelo genótipo, pelo azoto e pela água.

Fornecimento de assimilados, temperatura e fotoperíodo (Muchow e Carberry, 1989). Os rendimentos elevados de grãos resultam de uma maior disponibilidade de assimilados (fonte) para a formação e enchimento dos grãos, acompanhada de uma maior capacidade dos grãos (sumidouro) para absorver esses assimilados. O equilíbrio fonte-dreno é alterado quando as culturas são plantadas cedo ou tarde. O número de grãos está, em geral, fortemente associado ao GA (Otegui *et al.,* 1995; Bolanos e Edmeades, 1996) e define, portanto, a dimensão do sumidouro. O número de grãos por planta é largamente determinado pelas condições prevalecentes no momento da ensilagem (Andrade *et al.*, 1993; Kiniry e Knievel, 1995) e tem, portanto, uma grande influência no rendimento global. As baixas temperaturas registadas no início da plantação tendem a reduzir a altura das plantas (Al-Darby e Lowery, 1987), principalmente através da redução do comprimento dos entrenós e menos através da redução do número de folhas. A área foliar é também consideravelmente reduzida. As reduções de rendimento devidas à plantação precoce ou tardia estão bem documentadas na literatura (por exemplo, Johnson e Mulvaney, 1980; Sorensen *et al.,* 2000). Enquanto o plantio precoce resulta em uma redução no IPAR devido a um atraso no desenvolvimento do LA, as altas temperaturas em situações de plantio tardio também reduzem o IPAR nas duas semanas anteriores à floração, reduzindo o tempo de desenvolvimento da cultura, reduzindo assim os rendimentos (Otegui *et al.,* 1996). Noites frias durante o enchimento dos grãos, comuns em situações de plantio tardio, também podem reduzir a eficiência do uso da radiação (RUE) (Jones *et al.,* 1986). Em

Em situações em que é provável a ocorrência de seca a meio da estação, a plantação tardia pode também expor as culturas a défices hídricos durante a floração. Este facto pode atrasar a floração, aumentar o intervalo antese-cabeça (ASI) e resultar na redução do tamanho do caroço devido a espigas mal polinizadas ou ao aborto de grãos e espigas (Bolanos ~ e Edmeades, 1996). O intervalo entre a antese e a cabeça é um indicador da formação de sementes em muitas cultivares de milho sujeitas a stress durante a floração (Edmeades *et al.*, 2000). Os efeitos da seca podem, portanto, ser minimizados ajustando a data de plantação e a maturidade dos híbridos de modo a que a floração ocorra quando o risco de seca for considerado mínimo. Nos casos em que a plantação foi atrasada ou em que os híbridos são semeados em zonas novas e não testadas, o conhecimento da forma como a maturidade dos híbridos interage com a sua resposta a condições ambientais variáveis é essencial para desenvolver as estratégias de mitigação necessárias para otimizar e estabilizar os rendimentos. Se estas relações forem geralmente conhecidas, podem ser utilizadas para desenvolver funções de resposta de PD híbridas e conceber uma estratégia que maximize os rendimentos dos agricultores. O objetivo deste estudo foi determinar de que forma a DP e o ambiente (ENV) afectam o índice de colheita (HI), o tamanho do afundamento e da mola, a esterilidade e, consequentemente, o rendimento de grãos e de biomassa total de híbridos de milho de diferentes maturidades num clima temperado frio. O estudo faz parte de outra investigação que constitui a base para a adaptação do modelo CERES Maize para prever uma combinação óptima entre híbrido e ambiente quando se planta milho num clima temperado (Tsimba, 2011).

2.1 As agroecologias e a importância da produção de milho

Pensa-se que o milho é originário do México e que foi introduzido na África Ocidental no início dos anos 1500 por comerciantes portugueses (Dowswell *et al.*, 1996). Cresce tanto em zonas com stress hídrico como em zonas de elevada pluviosidade, e tanto em zonas de planície como de montanha (Mosisa *et al.*, 2001). O milho é uma planta que armazena uma variedade de materiais tais como amido, proteínas e gorduras em vários órgãos. A cultura tem uma vasta gama de utilizações, incluindo a alimentação humana, a produção de alimentos industriais transformados em amido e a utilização como forragem para alimentar animais (Amin, 2011).

A cultura necessita de uma temperatura média diária de pelo menos 200°C para um crescimento e desenvolvimento adequados; a temperatura óptima para o crescimento e desenvolvimento situa-se entre 25 e 300°C; a temperatura crítica que afecta o rendimento parece ser de cerca de 350°C, o que reduz os rendimentos (Brink e Belay, 2006). As temperaturas excessivamente altas e a baixa humidade no momento da polinização têm efeitos negativos na polinização e na fertilização, levando a uma redução da produção de grãos. A temperatura mínima para a germinação é de 10^{0}C e a emergência é muito mais rápida e uniforme a temperaturas superiores a 16^{0}C. A uma temperatura de cerca de 20°C, o milho emerge geralmente 5 a 6 dias após a sementeira. As geadas podem danificar o milho em todas as fases de crescimento e é necessário um período sem geadas de 120 a 140 dias para evitar danos. As folhas das plantas adultas são facilmente danificadas pela geada e o enchimento do grão pode ser afetado. Nas regiões tropicais, o milho dá-se melhor com uma precipitação bem distribuída de 600 a 900 mm durante a estação de crescimento. O solo mais adequado para o milho é aquele que tem uma boa profundidade efectiva, propriedades morfológicas favoráveis, boa drenagem interna, um regime de humidade ótimo, quantidades suficientes e equilibradas de nutrientes para as plantas e propriedades químicas especificamente favoráveis à produção de milho. Embora a produção de milho em grande escala ocorra em solos com teores de argila inferiores a 10% (solos arenosos) ou superiores a 30% (solos argilosos e silto-argilosos), as classes texturais entre 10 e 30% (argilosos) apresentam regimes de ar e humidade ideais para uma produção e produtividade saudáveis do milho (Brink e Belay, 2006).

Tenaw (2000) referiu que uma população óptima de plantas melhora o crescimento e o rendimento do milho. Também indicou que a resposta à população de plantas dependia do local, da variedade e da estação. A utilização de populações de plantas mais elevadas permitiu ao milho intercetar praticamente toda a radiação solar disponível no início da estação, convertendo esta energia em hidratos de carbono de armazenamento e outros alimentos num maior número de grãos por área. O milho deve ser cultivado em populações elevadas de plantas para maximizar a interceção da radiação solar. No entanto, em altas densidades de plantas, o índice de área foliar (IAF) e a distribuição da área foliar num dossel de milho são factores importantes na determinação da interceção total da luz, que afecta a fotossíntese, a transpiração e a acumulação de matéria seca. Pode ser estimada e utilizada em modelos de culturas para calcular a fotossíntese, a distribuição de assimilados, as trocas gasosas e energéticas. A capacidade da cultura para intercetar a radiação fotossinteticamente ativa e sintetizar hidratos de carbono para o crescimento é uma função não linear do IAF (Andrade *et al.,* 2002). Valores de IAF superiores a 4,0 reduzem consideravelmente a profundidade de penetração da luz nos dosséis foliares normais e reduzem consideravelmente a produção. Boyat *et al* (1990) relataram que o aumento da densidade de plantas acelerou a senescência das folhas, aumentou o sombreamento das folhas e reduziu a assimilação líquida por plantas individuais. Este aumento do rendimento de grãos pode, portanto, ser atribuído ao aumento do índice de área foliar (LAI) e à assimilação líquida da cultura (Dwyer *et al.,* 1992). No milho, o aparecimento de borlas é o primeiro sinal visível de que uma planta passou da fase vegetativa para a fase reprodutiva. Tokatlis e Koutroubas (2004) referiram que a elevada densidade de plantas afecta o intervalo necessário para a ejeção do pólen e a emergência da seda. O tempo entre o plantio e a emergência da seda aumentou de 84 para 95 dias quando a densidade foi aumentada de 5 para 20 plantas m-2. Além disso, foi relatado que a diferença de tempo entre a emissão de pólen e a emergência da seda aumentou com o aumento da densidade de plantas, de quase zero para nove dias. Isto, combinado com o facto de as plantas que não emitiam pólen e produziam seda só terem sido observadas nas densidades mais elevadas de 15 e 20 plantas m-2, contribuiu para o aumento da esterilidade das espigas. A emergência das bolotas foi ligeiramente afetada pelas alterações da densidade de plantação. A ejeção do pólen e a formação de 100% de seda foram observadas simultaneamente na densidade mais baixa de três plantas m-2. Pelo contrário, o momento da formação de 100% de seda foi atrasado em cinco dias quando a densidade foi aumentada para sete plantas m-2, e na densidade mais elevada de 12 plantas m-2, cerca de 10% das plantas tornaram-se estéreis. A conversão eficiente da radiação solar interceptada em grãos pode ser limitada pela dominância apical, protandria e atrasos na diferenciação de espigas, floração assíncrona e esterilidade. As alterações na morfologia e fenologia das plantas aumentam a capacidade de toda a comunidade vegetal para utilizar os recursos disponíveis através do aumento da densidade populacional (Sangoi, 2001). Não apresentou seda sete dias após a antese.

À medida que as populações de plantas aumentam, as plantas de milho tendem a ficar mais altas e a ter caules mais finos e fracos, o que torna as plantas mais susceptíveis de se alojarem. O acamamento é um fator que pode aumentar com o aumento da população de plantas e tem um efeito negativo no rendimento. A altura das plantas é uma caraterística genética. O número e o comprimento dos entrenós determinam a altura do caule (Gynes-Hegyi *et al.,* 2002). Em experiências com diferentes densidades de plantas, observou-se frequentemente que as plantas de milho são mais altas à medida que o sombreamento mútuo aumenta, embora haja uma variação varietal considerável nesta caraterística. Assim, as plantas que crescem num dossel denso sob uma densidade elevada de plantas recebem uma qualidade de luz diferente, enriquecida em radiação vermelha distante (FR) e empobrecida em radiação vermelha (R). Esta elevada relação FR/R desencadeia numerosas alterações morfológicas na arquitetura da planta, estimulando o alongamento do caule, favorecendo a dominância apical e reduzindo o diâmetro do caule (Rajcan e Swanton, 2001). O acamamento do caule é uma das maiores limitações à utilização de elevadas densidades de plantas no milho (Argenta *et al.*, 2001).

2.2 Efeitos da data de plantação

2.2.1 Contexto geral

Na África do Sul, a seca de meados do verão, de meados de dezembro a cerca de meados de janeiro, que se pode esperar na maior parte da zona de produção, desempenha um papel importante na determinação da data de plantação (ARC-GCI, 1999). Consequentemente, a data de plantação deve ser programada de modo a que as fases de crescimento do milho mais sensíveis ao calor e ao stress hídrico não coincidam com as secas de meados do verão. Com base nas condições climáticas variáveis na África do Sul, as datas óptimas de plantação são as seguintes: para as zonas de produção orientais mais frias, do início de outubro à primeira semana de novembro; para as regiões centrais, da última semana de outubro a meados de novembro; para as regiões ocidentais mais secas, das duas últimas semanas de novembro a meados de dezembro (ARC-GCI, 2002; Du Toit *et al.*, 2002).

De todos os aspectos da gestão da cultura do milho (seleção da cultivar, densidade de plantação, quantidade e momento dos fertilizantes, etc.), a data de plantação é provavelmente o mais sujeito a variações devido às grandes diferenças meteorológicas na altura da plantação entre as estações e dentro da gama de climas (Otegui *et al.*, 1995). A variação anual no estabelecimento das plantas e na incidência de pragas e doenças torna difícil prever as datas de plantação ideais para as culturas de milho (Oktem, 2000). Na prática, as datas recomendadas são normalmente

As diretrizes de plantação são baseadas nos resultados de uma longa série de experiências agronómicas, que podem fornecer datas médias de plantação para obter o melhor rendimento, bem como estimativas realistas das penalizações de rendimento esperadas por cada semana de atraso. atraso na plantação (Lauer *et al.,* 1999). No entanto, ao aceitar essas diretrizes, necessário ter em conta várias advertências, para além do facto de que a utilização das datas recomendadas não constitui uma garantia do rendimento mais elevado para essa estação (Oktem, 2000). Em primeiro lugar, pode haver grandes diferenças entre as cultivares padrão de resposta à data de plantação. Em segundo lugar, as interações entre as doenças das plantas e a data de plantação não são totalmente conhecidas.

2.2.2 Rendimento de grãos

O milho plantado mais cedo desenvolve-se melhor e tem um potencial de rendimento mais elevado, porque o período vegetativo do seu desenvolvimento tem lugar na parte mais fresca da estação, quando o stress hídrico é menos provável (Aldrich *et al.,* 1986). Corke & Kannenberg (1989) salientaram que a utilização óptima do período de crescimento limitado do milho é essencial para maximizar o rendimento de grãos em regiões onde a estação é curta. Em geral, a data de sementeira antecipada tem muitas vantagens sobre a data de sementeira tardia, incluindo um período de crescimento mais longo que permite uma maior escolha de maturidades híbridas e uma janela de oportunidade mais alargada para as decisões de replantação. Além disso, uma data de sementeira precoce tende a colocar o período de limpeza e ensilagem antes do maior risco de stress hídrico e de danos causados pela seca (Otegui e Melon, 1997). Além disso, Shepherd *et al* (1991) referiram que uma data de plantação antecipada pode contribuir significativamente para aumentar o rendimento do milho. Os autores sublinharam também que o aumento da produção não é a única vantagem da plantação precoce, uma vez que podem ser obtidos outros benefícios através de uma densidade de plantas elevada e de taxas de fertilização elevadas. Também permite efetuar a colheita mais cedo na estação, quando as condições são geralmente melhores e as perdas de tempo e de terra podem ser minimizadas (Hicks *et al.*, 1993). Além disso, o simples facto de plantar cedo permite aumentar o rendimento líquido sem aumentar os custos de produção.

Por outro lado, a sementeira tardia ou a sementeira após o período ótimo ( ) resultou em rendimentos mais baixos. A sementeira tardia encurta o período de crescimento efetivo do milho, aumentando o risco de exposição a temperaturas frias letais no final da estação, antes da maturação do grão. De acordo com Aldrich *et al* (1975), a redução do rendimento na sementeira tardia pode ser atribuída ao curto período de crescimento, à pressão dos insectos e das doenças, ao calor e ao stress hídrico durante a polinização. Estes resultados concordam com os de Otegui & Melon (1997), que indicam que a sementeira tardia é geralmente acompanhada por um aumento da temperatura durante a estação de crescimento, o que acelera o desenvolvimento das culturas e reduz a radiação solar acumulada, resultando numa menor produção de biomassa, frutificação e rendimento de grãos. Em princípio, o atraso da sementeira para além de uma determinada data conduz a uma redução gradual do rendimento potencial da cultura, porque uma proporção crescente da radiação solar disponível não será interceptada pelo coberto vegetal. Na prática, o rendimento diminui normalmente com o atraso da sementeira, devido às penalizações de rendimento registadas. No entanto, os resultados das experiências sobre a data de plantação podem variar muito de uma estação para outra e de um local para outro. Por exemplo, não é raro que uma cultura semeada relativamente tarde dê um rendimento mais elevado do que uma cultura de controlo semeada no que seria considerado o período ótimo (Green *et al.,* 1985). Há várias razões para estas incoerências e resultados inesperados. Em primeiro lugar, as condições do solo em diferentes datas de plantação serão inevitavelmente diferentes, e as condições desfavoráveis (excesso ou défice de humidade no solo, incidência grave de doenças, etc.) terão de ser tidas em conta. Por conseguinte, as diferenças observadas no desempenho das culturas semeadas em datas diferentes reflectem geralmente diferenças na densidade de plantas estabelecidas. Em segundo lugar, as culturas semeadas em datas diferentes passam por cada fase de desenvolvimento em momentos ligeiramente diferentes e, consequentemente, em condições ambientais diferentes (nomeadamente fotoperíodo e temperatura); assim, qualquer das fases de desenvolvimento que determinam as componentes do rendimento pode ocorrer em condições mais ou menos favoráveis nas culturas semeadas tardiamente. Por estas razões, não é fácil efetuar uma comparação crítica dos rendimentos de grãos e das suas componentes para diferentes culturas numa experiência de data de sementeira. Scarsbrook & Doss (1972) indicaram que o rendimento do milho é uma função de muitos factores vegetais e ambientais que estão frequentemente inter-relacionados.

2.2.3 Número de grãos por espiga (KNC)

Embora a taxa acelerada de desenvolvimento da cultura associada ao aumento da densidade de plantação ou ao atraso da data de plantação signifique que a duração da fase de iniciação das espiguetas é reduzida, os efeitos globais destes dois factores de gestão no tamanho das espiguetas são diferentes (Bassetti & Westgate, 1993). No caso da densidade de plantação, a taxa de iniciação das espiguetas não é relativamente afetada, pelo que o tamanho das espiguetas diminui progressivamente com o aumento da densidade de plantação. Por outro lado, a variação da data de sementeira tem geralmente uma influência no número de grãos por espiga (Harris, 1984). Otegui & Melon (1997) relataram que as datas de sementeira afectam a formação de grãos e a sincronização das flores nas espigas de milho. Da mesma forma, Derieux *et al* (1985) observaram uma relação significativa entre a formação de grãos por fileira e o número final de óvulos por fileira para certos genótipos plantados em diferentes datas. Cirilo & Andrade (1994) não encontraram nenhum efeito da data de plantio sobre o número de espiguetas primordiais na cabeça nas espigas apicais de dois híbridos de milho. Eles sugerem que o aborto de grãos e não um processo morfogenético é o fator dominante que determina o conjunto final de grãos. A redução do número de grãos por espiga é o componente mais consistente e irreversível da redução de rendimento sob seca (Anderson *et al.*, 2004). O número de floretes susceptíveis de se transformarem em grãos não pode exceder o número de sedas expostas e diminui a partir deste potencial à medida que as sedas perdem a sua recetividade e entram em senescência com a idade (Bassetti & Westgate, 1993). Os híbridos com taxas mais rápidas de crescimento das sedas podem ter mais sedas disponíveis para polinização no início da floração. No entanto, quando as condições ambientais não são óptimas, o número de grãos pode ser limitado pela assincronia (o pólen não é libertado quando as sedas estão expostas ou receptivas) (Anderson *et al.*, 2004), pela perda de recetividade da seda (as sedas deixam de ser funcionais para suportar o crescimento do tubo polínico (Bassetti & Westgate, 1993) ou por falhas no desenvolvimento do ovário. Estas limitações no número de grãos produzidos podem ter um impacto considerável na rendibilidade da produção de grãos ou sementes e podem ser influenciadas pelas caraterísticas das sedas de um determinado híbrido ou raça pura (Anderson *et al.*, 2004).

2.2.4 Massa do núcleo

Devido a outros aspectos do desenvolvimento acelerado (em particular, menor massa seca na antese), as culturas plantadas mais tarde podem também ter tendência para produzir grãos mais leves. Assim, na maioria dos casos, a massa do grão não é afetada ou é reduzida pela plantação tardia até cerca de 10 por cento (Taylor & Blackett, 1982). Estes resultados apoiam geralmente a ideia de que a massa individual de grãos de uma dada cultivar é uma caraterística relativamente estável (Maddonni *et al.*, 2004). No entanto, quando o atraso de alguns dias no início do enchimento do grão coincide com uma rápida deterioração do ambiente, são de esperar efeitos muito maiores. Em resumo, o rendimento do grão diminui geralmente com o atraso da sementeira, principalmente devido a uma redução do número de espigas, mas também, em alguns casos, devido a ligeiras diminuições da massa dos grãos individuais. Maddonni *et al* (2004) referem que a massa dos grãos é condicionada pelo crescimento da cultura após a ensilagem, com uma maior dependência da mobilização de reservas nos híbridos com grãos pequenos e um grande número de grãos do que nos híbridos com menos grãos grandes. Assim, a redução da radiação solar incidente reduz a massa final do grão através de reduções na produção de biomassa por grão, mas as baixas temperaturas afectam negativamente o enchimento do grão através de reduções na distribuição da biomassa dentro dos grãos.

2.2.5 Crescimento e rendimento em matéria seca

A variação da data de plantio do milho modifica as condições radiativas e térmicas durante o crescimento. A quantidade de radiação incidente e a proporção dessa radiação que é interceptada pela cultura determinam diretamente a taxa de crescimento da cultura (Cirilo & Andrade, 1994). Cirilo & Andrade (1994) relataram que atrasos na data de plantio resultaram em reduções significativas na quantidade de radiação incidente acumulada desde a emergência até a formação da seda, pois aceleraram o desenvolvimento. Por outro lado, altas temperaturas no início do crescimento em plantios tardios aceleraram o desenvolvimento da superfície foliar, como mostram os altos valores de intercetação da radiação fotossinteticamente ativa (PAR) no início do crescimento. Cirilo & Andrade (1994) relataram que, na fase de enchimento de grãos, plantas expostas a baixas radiações e temperaturas nos plantios tardios, em comparação com os plantios precoces, resultarão em decréscimo na produção de matéria seca. Os plantios tardios também apresentaram uma maior concentração de carboidratos não estruturais nos caules na metade do enchimento de grãos do que os plantios precoces. Este facto sugere que as baixas temperaturas durante o enchimento do grão nas plantações tardias limitaram o crescimento do grão, bem como a fotossíntese da cultura. Como resultado, a relação entre a contagem final de grãos e a matéria seca na ensilagem caiu drasticamente nas plantações tardias, indicando uma predominância do crescimento vegetativo sobre o crescimento reprodutivo. Em geral, os plantios tardios resultam em altas taxas de crescimento durante o período vegetativo devido à alta eficiência do uso da radiação (REU) e à alta porcentagem de intercetação da radiação, mas, inversamente, em baixas taxas de crescimento durante o enchimento de grãos devido à baixa REU e à baixa radiação incidente. O oposto é verdadeiro para o plantio precoce (Cirilo & Andrade, 1994). Além disso, Maddonni *et al* (2004) constataram que, em plantios tardios, a radiação solar e a temperatura diminuíram durante o enchimento de grãos. Assim, a queda na radiação solar fez com que o crescimento dos grãos superasse a produção de biomassa, indicando uma possível limitação da fonte. Por outro lado, baixas temperaturas podem ter um efeito negativo no peso dos grãos, reduzindo tanto a eficiência com que a radiação é utilizada quanto a distribuição da biomassa nos grãos (Andrade *et al.,* 1993).

2.2.6 Glândula/estrangulação e maturidade fisiológica

Tollenaar & Bruulsema (1988) constataram que o atraso entre a silagem e a maturidade fisiológica aumentava quanto mais tardias eram as datas de plantio. Isto deveu-se ao facto de as temperaturas frias no final da estação nas culturas plantadas mais tarde impedirem a verdadeira maturação, uma vez que os grãos nunca formaram uma verdadeira camada negra. Daynard (1972) constatou que o atraso no plantio aumentou o intervalo térmico entre o plantio e o desbaste médio, mas diminuiu o intervalo térmico entre o desbaste médio e a formação da camada preta. Sutton & Stucker (1974) relataram que os intervalos térmicos entre o plantio e a camada preta diminuíram à medida que o plantio foi atrasado, de cedo para tarde. Assim, o plantio tardio reduz a PAR interceptada acumulada desde o aparecimento da seda até a maturidade fisiológica, principalmente devido aos seus baixos valores de radiação incidente diária (Tollenaar & Aguilera, 1992). Por outro lado, a eficiência do uso da radiação (RUE) para as semeaduras tardias foi alta durante os estágios iniciais de crescimento e baixa durante o período frio de enchimento de grãos. O oposto foi verificado para os plantios precoces, que apresentaram baixa eficiência do uso da radiação desde a emergência até a formação da seda e que se manteve durante a maior parte do período de enchimento de grãos, quando as temperaturas eram mais favoráveis ao processo de fotossíntese (Cirilo & Andrade, 1994). Além disso, o período entre a emergência e a antese de híbridos de milho plantados mais cedo na estação pode ser até duas semanas mais longo do que quando a mesma cultivar é plantada mais tarde (Sangoi, 1993). Durante este período suplementar, as plantas absorvem mais radiação solar e armazenam energia porque as temperaturas mais baixas limitam o seu crescimento e o consumo dessa energia. Como resultado deste desenvolvimento mais lento, as plantas de milho plantadas mais cedo são mais pequenas e menos frondosas na antese (Sangoi *et al.*, 1998; Silva *et al.*, 1998). No entanto, as estimativas do tempo térmico necessário para o enchimento do grão (o período entre a silagem e a maturidade) variam consideravelmente, com o sistema GDD a sobrestimar frequentemente o tempo térmico necessário para o enchimento do grão. É necessário compreender melhor a resposta fenológica do milho à duração térmica quando a sementeira é atrasada, para melhorar a precisão da seleção da maturidade dos híbridos para situações de sementeira tardia (Barger, 1969).

3 MATERIAIS E MÉTODOS

3.1 Descrição do sítio e conceção da experiência :

A experiência foi realizada no âmbito do Programa Nacional de Investigação do Milho em Rampur, Chitwan, que se situa na Região de Desenvolvimento Central do Nepal. A localização geográfica da experiência é 27° 37' de latitude norte, 84° 25' de longitude leste, a uma altitude de 256 metros acima do nível do mar, com um clima subtropical (Thapa e Dangol, 1988). A experiência com o milho é efectuada durante todo o ano nesta estação de investigação.

A experiência foi realizada em três parcelas. O plano RCB foi aplicado nas fases de sementeira do milho em 2015. O tamanho de cada parcela foi de 25,2 m^2. As sete linhas puras foram plantadas em cada parcela com duas repetições. As linhas consanguíneas foram RML-4, NML-2, RML-32, RML-17, RML-95, RML-86 e RML-96, respetivamente. Foram plantadas doze plantas por linha e havia duas linhas para cada linha pura. No total, foram plantadas 24 plantas para cada linha pura. O espaçamento foi de 25 cm entre plantas e 60 cm entre linhas. Cada linha pura ocupou duas linhas de 3 m de comprimento. A primeira plantação foi efectuada a 2 de setembro de 2015 e as seguintes com 10 dias de intervalo para a segunda e terceira parcelas, respetivamente. As mesmas linhas puras com o mesmo espaçamento foram plantadas na parcela seguinte com a mesma área. Isto foi feito para observar os efeitos das datas de plantação nas linhas de milho.

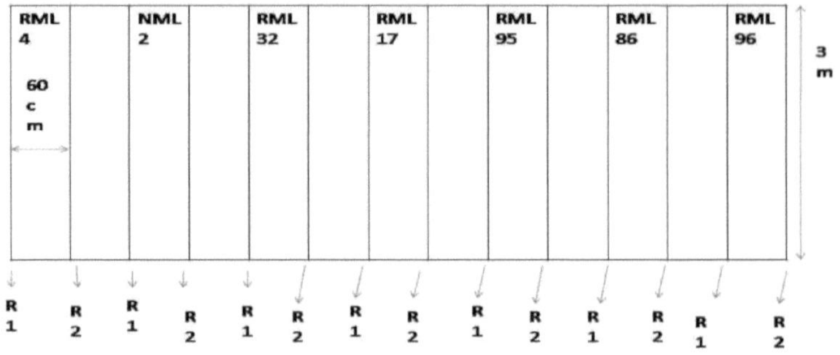

Figura 1: Diagrama esquemático da experiência

3.2 Práticas agronómicas

O estrume foi aplicado a uma taxa de 10 kg por parcela antes da sementeira. A fertilização foi efectuada antes da sementeira a uma taxa de 3:1 DAP e MOP por parcela. Um total de 2 kg de fertilizante por parcela foi aplicado antes da sementeira.

3.3 Registo e análise de dados

Foram registados os dados relativos aos dias até à floração, dias até ao espigamento, dias até à maturidade, altura da planta, altura da espiga, área foliar, índice de área foliar, número de plantas por parcela, número de espigas por parcela, peso no campo, percentagem de humidade, comprimento da espiga, diâmetro da espiga, número de fileiras por espiga, número de grãos por fileira, rendimento da espiga, peso no teste. Todos os dados registados foram analisados utilizando o software MSTAC.

4 RESULTADOS E DISCUSSÃO

Os resultados obtidos para as caraterísticas fenológicas, bem como para as caraterísticas relacionadas com o rendimento e o rendimento, foram utilizados para determinar a data de sementeira adequada para o rendimento máximo e para o milho de alto rendimento.

Tabela 1. Efeito de interação das datas de plantação e dos genótipos no número de dias até 50% de floração

Data de plantação	Genótipos						
	ECO-2	RML-17	RML-32	RML-4	RML-86	RML-95	RML-96
Set2	56	54	58	65	57	58	54
Setembro12	55	55	58	66	58	59	55
Set22	55	56	57	65	58	58	55
Teste F:<0,001(**)							
$LSD_{0.05}$: 0.3219							
CV:0,3							

Tabela 2. Efeito de interação das datas de plantação e dos genótipos no número de dias até à ensilagem a 50%

Data de plantação	Genótipos						
	ECO-2	RML-17	RML-32	RML-4	RML-86	RML-95	RML-96
Set2	58	56	63	68	58	62	56
Setembro12	58	57	63	69	60	61	57
Setembro22	58	59	59	69	63	62	57
Teste F: <0,01(**)							
$LSD_{0.05}$: 0.4664							
CV:0,4%							

Tabela 3. Efeito de interação das datas de plantação e dos genótipos no número de dias até à maturação a 50%

Data de plantação	Genótipos						
	ECO-2	RML-17	RML-32	RML-4	RML-86	RML-95	RML-96
Set2	138	137	140	144	139	140	136
Setembro12	142	140	144	149	143	145	141
Setembro22	156	154	155	159	157	157	152
Teste F:<0,01							
$LSD_{0.05}$: 0.3219							
CV:0,1%.							

Tabela 4. Efeito das datas de plantação e dos genótipos na floração, ensilagem e maturação

Tratamento	Dias de amuo (50%)	Dias de seda (50%)	Datas de vencimento (50%)
Data de plantação			
2 de setembro	57^{c}	60^{b}	139^{c}
12 de setembro	58^{a}	61^{a}	143^{b}
22 de setembro	58^{a}	61^{a}	155^{a}
Teste F	<0.01(**)	<0.01(**)	<0.01(**)
LSD$_{0.05}$	0.1858	0.1763	0.1217
Genótipos			
ECO-2	55^{d}	58^{d}	145^{d}
RML-17	55^{e}	57^{e}	143^{e}
RML-32	57^{c}	61^{b}	146^{c}
RML-4	65^{a}	68^{a}	150^{a}
RML-86	57^{c}	60^{c}	146^{c}
RML-95	58^{b}	61^{b}	147^{b}
RML-96	54^{f}	56^{f}	143^{f}
Teste F	<0.01(**)	<0.01(**)	<0.01(**)
LSD$_{0.05}$	0.1858	0.2693	0.1858
CV	0.3	0.4	0.1

Foram encontradas diferenças muito significativas entre os genótipos no número de dias necessários para o aparecimento de 50% das panículas. O genótipo RML-4 foi o que teve o maior tempo para 50% de floração. Os genótipos RML-32 e RML-86 foram equivalentes no número de dias necessários para o aparecimento de 50% das panículas. Os genótipos RML-32 e RML-86 foram iguais no número de dias necessários para atingir 50%

de floração. O vingamento a 50% ocorreu mais tarde quando os genótipos foram plantados a 12 de setembro, o que é estatisticamente equivalente a 22 de setembro, e o vingamento ocorreu rapidamente a 2 de setembro.

Houve diferenças muito significativas entre os genótipos no que respeita ao número de dias necessários para a ocorrência de 50% de ensilagem. O genótipo RML-4 foi o mais tardio a atingir os 50% de silagem. O genótipo RML-96 foi o que atingiu mais rapidamente os 50% de ensilagem. Os genótipos RML-32 e RML-95 foram considerados equivalentes em termos de dias para 50% de ensilagem.

Houve diferenças muito significativas entre as datas de plantio quanto ao número de dias necessários para atingir 50% de silagem. A silagem a 50% ocorreu mais rapidamente quando os genótipos foram plantados a 2 de setembro e mais tarde quando os genótipos foram plantados a 12 de setembro, o que é estatisticamente equivalente a 22 de setembro.

Foram observadas diferenças muito significativas no número de dias até 50% de maturação em função das datas de plantação. Os dias de maturação mais elevados foram observados quando os genótipos foram plantados a 22 de setembro, enquanto os dias de maturação mais baixos foram observados quando os genótipos foram plantados a 2 de setembro.

Foi encontrada uma diferença muito significativa nos dias até à maturação entre os genótipos. O genótipo de maturação mais tardia foi o RML-4, enquanto o genótipo de maturação mais precoce foi o RML-96.

O efeito de interação entre as datas de sementeira e os genótipos revelou-se altamente significativo em termos de dias até ao perfilhamento, ensilagem e maturação.

Tabela 5. Efeito de interação das datas de plantação e dos genótipos na altura das plantas (cm)

Data de plantação	Genótipos						
	ECO-2	RML-17	RML-32	RML-4	RML-86	RML-95	RML-96
Set2	152.3	177.3	129.5	97	137.5	129	174.8
Setembro12	159	168.2	134.2	109.7	123.8	137.5	158
Setembro22	151.6	159.5	132.9	132.9	130.1	146.8	163.2
Teste F: 0,047(*)							
LSD0.05 : 19.49							
CV: 6,5							

Tabela 6. Efeitos da interação entre a data de plantação e os genótipos na altura da espiga (cm)

Data de plantação	Genótipos						
	ECO-2	RML-17	RML-32	RML-4	RML-86	RML-95	RML-96
Set2	72.17	89.84	52.17	43.92	60.5	60.67	73.34
Setembro12	71.34	74	53.67	52.67	53.5	62.17	65.84
Set22	66.67	65.5	45.50	60.67	57	74.34	76.67
Teste F:0,015(*)							
LSD0.05: 12,797							
CV:9,7% DAS VENDAS							

Tabela 7. Efeitos de interação das datas de plantação e dos genótipos na área foliar

Data de plantação	Genótipos						
	ECO-2	RML-17	RML-32	RML-4	RML-86	RML-95	RML-96
Set2	198.7	377.4	303.2	195.7	244.7	303	306.3
Setembro12	291.3	312.9	276.8	272.1	299.3	325.6	384.6
Setembro22	342.4	336.4	333.2	363.8	310.8	308.5	324
Ftest:0,054(NS)							
LSD0.05 : 87.51							
CV: 13,7% DO TOTAL							

Tabela 8. Efeito de interação das datas de plantação e dos genótipos no índice de área foliar

Datas de plantação	Genótipos						
	ECO-2	RML-17	RML-32	RML-4	RML-86	RML-95	RML-96
2 de setembro	0.011	0.021	0.017	0.011	0.014	0.017	0.017
12 de setembro	0.016	0.017	0.015	0.015	0.017	0.018	0.021
22 de setembro	0.019	0.019	0.019	0.020	0.017	0.017	0.018
Teste F: 0,054(N	S)						
LSD0.05 :0.0049							
CV: 13,7% DO TOTAL							

Tabela 9. Efeito das datas de sementeira e dos genótipos na altura das plantas, altura da espiga, área foliar e índice de área foliar

Tratamento	Altura da planta (cm)	Altura da orelha (cm)	Área foliar (cm^2)	Índice de área foliar
Data de plantação				
2 de setembro	142.5^{a}	64.66^{a}	275.6^{b}	0.015^{b}
12 de setembro	141.5^{a}	61.88^{a}	309^{a}	0.017^{a}
22 de setembro	145.5^{a}	63.76^{a}	331.3^{a}	0.018^{a}
Teste F	0,543(NS)	0,487(NS)	0.008(**)	0.008(**)
$LSD0_{.05}$	7.36	4.837	33.08	0.0018
Genótipos				
ECO-2	154.3^{b}	70.06^{ab}	277.5^{c}	0.01542^{c}
RML-17	168.3^{a}	76.45^{a}	342.3^{a}	0.01902^{a}
RML-32	132.2^{c}	50.45^{c}	304.4^{abc}	$0,01691^{abc}$
RML-4	113.2^{d}	52.42^{c}	277.2^{c}	0.01540^{c}
RML-86	130.5^{c}	57^{c}	284.9^{bc}	$0,01583^{bc}$
RML-95	137.8^{c}	65.72^{b}	312.4^{abc}	$0,01735^{abc}$
RML-96	165.4^{ab}	$71,95^{ab}$	338.3^{ab}	$0,01879^{ab}$
Teste F	<0.01(**)	<0.01(**)	0,053(NS)	0,053(NS)
$_{LSD}0.05$	11.25	7.388	50.52	0.0028
CV	6.5	9.7	13.7	13.7

Foram observadas diferenças muito significativas em termos de altura da planta. A maior altura foi observada no RML-17, que é estatisticamente igual ao RML-96. A altura mais baixa foi observada na RML-4. As linhas puras RML-32, RML-86 e RML-95 foram estatisticamente equivalentes em termos de altura de planta. Foi encontrada uma diferença altamente significativa entre os genótipos em termos de altura da espiga. A maior altura de espiga foi observada em RML-17, que é estatisticamente igual a RML-96 e NML-2. A menor altura de espiga foi observada no RML-32, que foi estatisticamente igual ao RML-4 e ao RML-86. Não foram observadas diferenças significativas na altura da planta e da espiga de acordo com a data de plantio. Foram observadas diferenças significativas nos efeitos da interação entre as datas de plantação e os genótipos na altura da planta e da espiga.

A altura da planta está fortemente associada à data de floração, tanto morfológica como ontogeneticamente, porque a formação dos entrenós pára no início da floração, o que significa que o milho de floração precoce é geralmente mais curto (Troyer e Larkins, 1985). Os criadores costumavam pensar que a precocidade e o rendimento elevado estavam reciprocamente ligados... As variedades modernas produzem rendimentos elevados apesar de florescerem cedo. Existe também uma correlação entre precocidade e altura da espiga.

Existem correlações entre muitas outras caraterísticas e a altura da planta. O número de folhas (Allen *et al.*, 1973) e o rendimento de grãos (McKee *et al.*, 1974) estão significativamente correlacionados com a altura da planta. O RML-17 teve a maior altura de planta e de espiga e deu o maior rendimento de grãos. Obilana e Hallauer (1974) encontraram uma correlação significativa entre a altura da planta e a altura da espiga em variedades endogâmicas não selecionadas.

Não se registaram diferenças significativas na área foliar ou no índice de área foliar entre os genótipos. A área foliar foi estatisticamente equivalente entre os genótipos. Foi encontrada uma diferença altamente significativa na área foliar e no índice de área foliar em função da data de plantio. A área foliar e o índice de área foliar mais elevados foram observados quando os genótipos foram plantados a 22 de setembro e os mais baixos foram observados quando os genótipos foram plantados a 2 de setembro. Não foram observadas diferenças significativas no efeito da interação entre as datas de plantação e os genótipos na área foliar e no índice de área foliar. A interceção da radiação é largamente determinada pelo índice de área foliar.

A interceção da radiação é largamente determinada pelo índice de área foliar (IAF), que, por sua vez, é influenciado pelo genótipo, temperatura e fotoperíodo (Muchow e Carberry, 1989). Os rendimentos elevados de grãos resultam de uma maior disponibilidade de assimilados (fonte) para a formação e enchimento dos grãos, acompanhada de uma maior capacidade dos grãos (sumidouro) para absorver esses assimilados.

Quadro 10. Efeitos de interação das datas de plantação e dos genótipos no número de folhas por planta

Data de plantação	Genótipos						
	ECO-2	RML-17	RML-32	RML-4	RML-86	RML-95	RML-96
Set2	9.50	12	10.5	9	9.5	11	10
Setembro12	10	11.5	10	9.5	11	9	10
Set22	12	13	10.5	11	12.5	11	12.5
Teste F: 0,070(NS)							
LSD0,05:1,475							
CV:6.6							

Quadro 11. Efeito da interação entre datas de plantação e genótipos no número de plantas por parcela

Data de plantação	Genótipos						
	ECO-2	RML-17	RML-32	RML-4	RML-86	RML-95	RML-96
Set2	7	12	10	10.5	10.5	10.5	8.5
Setembro12	7.5	7.5	8	8	11	7	7.5
Setembro22	9.5	11	8.5	8	10	10.5	11.5
Teste F: 0,204(NS)							
LSD0,05:3,368							
CV:17,4%							

Quadro 12. Efeito de interação das datas de plantação e dos genótipos no número de espigas por parcela

Data de plantação	Genótipos						
	ECO-2	RML-17	RML-32	RML-4	RML-86	RML-95	RML-96
Set2	3.5	8	5.5	8.5	9.5	9.5	8.5
Setembro12	8	10.5	12.5	11.5	16.5	10.5	12
Set22	11.5	17	11	9	12	15.5	16.5
Teste F: 0,484 (NS)							
$LSD_{0,05}$:6,973							
CV:30.9							

Tabela 13. Efeito das datas de sementeira e dos genótipos no número de folhas por planta, no número de plantas por parcela e no número de espigas por parcela

Tratamento	Número de folhas por planta	Número de plantas por parcela	Número de espigas por parcela
Data de plantação			
2 de setembro	10^{b}	10^{a}	8^{b}
12 de setembro	10^{b}	8^{b}	12^{a}
22 de setembro	11^{a}	10^{a}	13^{a}
Ftest	<0.01(**)	0.011(*)	<0.01(**)
LSD0.05	0.557	1.273	2.635
Genótipos			
ECO-2	11^{b}	8^{b}	8^{b}
RML-17	12^{a}	10^{ab}	12^{ab}
RML-32	10^{c}	9^{ab}	10^{ab}
RML-4	10^{c}	9^{ab}	10^{ab}
RML-86	11^{b}	11^{a}	13^{a}
RML-95	10^{c}	9^{ab}	12^{ab}
RML-96	11^{b}	9^{ab}	12^{ab}
Teste F	<0.01(**)	0,183(NS)	0,146(NS)
LSD0.05	0.852	1.945	4.026
CV	6.6	17.4	30.9

Foi encontrada uma diferença muito significativa entre os genótipos no número de folhas por planta. O maior número de folhas por planta foi encontrado no genótipo RML-17 e o menor número de folhas por planta foi encontrado no RML-4. Os outros genótipos foram estatisticamente equivalentes em termos de número de folhas por planta. Foi encontrada uma diferença altamente significativa em termos de número de folhas por planta entre os genótipos, dependendo das datas de plantação. O maior número de folhas por planta foi encontrado nos genótipos plantados em 22 de setembro e o menor número de folhas por planta foi encontrado plantado em 12 de setembro, o que é estatisticamente equivalente à data de plantação de 2 de setembro.

Não foi encontrada diferença significativa no número de plantas por parcela entre os genótipos, tendo sido considerados estatisticamente iguais. O número mais elevado de plantas por parcela foi de 10 e o mais baixo de 8. Verificou-se uma diferença significativa em termos de número de plantas por parcela entre os genótipos, tendo em conta as datas de plantação. O maior número de plantas por parcela foi encontrado quando os genótipos foram plantados a 22 de setembro e o menor foi encontrado quando os genótipos foram plantados a 12 de setembro. Hammer *et al* (2009) verificaram que o rendimento atingiu um patamar com o aumento da população de plantas, com o patamar a começar em 60 000 plantas por hectare em ambientes de elevado rendimento e 40 000 a 50 000 plantas por hectare em ambientes de rendimento médio. À medida que a população de milho aumenta, é provável que haja mais espigas por m^2 e um índice de área foliar (IAF) mais elevado na fase de crescimento, permitindo que as plantas captem mais luz solar (Tollenaar *et al.*, 1997).

Não foram encontradas diferenças significativas em termos de número de espigas por parcela entre os genótipos. O maior número de espigas por parcela foi encontrado no genótipo RML-86, que está estatisticamente ao mesmo nível que os genótipos RML-96, RML-95, RML-17. O menor número de espigas por parcela foi encontrado no genótipo NML-2, que está estatisticamente ao mesmo nível que os genótipos RML-32 e RML-4. Houve uma diferença muito significativa no número de espigas por parcela de acordo com a data de plantio. O maior número de espigas por parcela foi encontrado quando os genótipos foram plantados a 22 de setembro e o menor número de espigas por parcela foi encontrado quando os genótipos foram plantados a 2 de setembro.

Tabela 14. Efeitos de interação das datas de plantação e dos genótipos no comprimento da espiga (cm)

Data de plantação	Genótipos						
	ECO-2	RML-17	RML-32	RML-4	RML-86	RML-95	RML-96
Set2	10.035	13.25	10.79	7.765	9.165	9.615	11.315
Setembro12	10.535	12.29	11.25	9.21	11.165	10.75	13.335
Set22	10.925	10.46	10.165	10.79	10.165	7.585	10.005
Teste F:<0,01							
LSD0.05 :0.7904							
CV:3,6							

Tabela 15. Efeitos de interação das datas de plantação e dos genótipos no diâmetro da espiga

Data de plantação	Genótipos						
	ECO-2	RML-17	RML-32	RML-4	RML-86	RML-95	RML-96
Set2	3.71	4.35	3.44	3.925	3.91	3.275	3.775
Setembro12	4.54	4.21	3.325	4.385	3.79	4.125	4.45
Setembro22	4.26	3.825	3.13	4.34	4	3.865	3.265
Teste F:<0,01							
LSD0.05 :0.2673							
CV:3,3							

Quadro 16. Efeitos de interação das datas de plantação e dos genótipos no número de linhas por espiga

Data de plantação	Genótipos						
	ECO-2	RML-17	RML-32	RML-4	RML-86	RML-95	RML-96
Set2	12	13	11.5	14	14	13.5	13.5
Setembro12	14	12.5	11.5	14	15	14.5	15
Set22	13.5	12.5	11	15	14	15.5	14.5
Teste F: 0,773							
$LSD0_{,05}$:2,314							
CV:8,2%							

Tabela 17. Efeitos de interação das datas de plantação e dos genótipos no número de grãos por linha

Data de plantação	Genótipos						
	ECO-2	RML-17	RML-32	RML-4	RML-86	RML-95	RML-96
Set2	21.5	30	24	17.5	21	19.5	24.5
Setembro12	20.5	26	26	17	24	21.5	25.5
Set22	22	25	20.5	23	20.5	18.5	19.5
Teste F:<0,01							
$LSD0_{,05}$:2,449							
CV:5.3							

Quadro 18. Efeito das datas de sementeira e dos genótipos no comprimento da espiga, diâmetro da espiga, número de linhas por espiga e número de grãos por linha

Tratamento	Comprimento da espiga (cm)	Diâmetro da espiga (cm)	Número de linhas por espiga	Número de sementes por
Data de plantação				
2 de setembro	10.28^{b}	3.769^{b}	13^{a}	22^{a}
12 de setembro	11.22^{a}	4.118^{a}	13^{a}	22^{a}
22 de setembro	10.01^{b}	3.812^{b}	13^{a}	21^{b}
Teste F	<0.01	<0.01	0.198	0.004
$LSD_{0.05}$	0.2988	0.1010	0.875	0.926
Genótipos				
ECO-2	10.5^{bc}	4.17^{a}	13ab	21^{c}
RML-17	12^{a}	4.128^{a}	12bc	27^{a}
RML-32	10.73^{b}	3.298^{c}	11^{c}	23^{b}
RML-4	9.25^{d}	4.217^{a}	14^{a}	19^{d}
RML-86	10.16^{c}	3.9^{b}	14^{a}	21^{c}
RML-95	9.32^{d}	3.755^{b}	14^{a}	19^{d}
RML-96	11.55^{a}	3.83^{b}	14^{a}	23^{b}
Teste F	<0.01	<0.01	<0.01	<0.01
$LSD_{0,05}$	0.4564	0.1544	1.336	1.414
CV	3.6	3.3	8.2	5.3

Foi encontrada uma diferença altamente significativa no comprimento da espiga de acordo com a data de plantio. O maior comprimento de espiga foi observado quando as linhas consanguíneas foram plantadas a 12 de setembro e o menor comprimento de espiga foi observado quando as linhas foram plantadas a 22 de setembro. Foi observada uma diferença muito significativa no comprimento da espiga entre os genótipos. O maior comprimento de espiga foi observado na RML-17, que foi estatisticamente igual à RML-96. O menor comprimento de espiga foi observado no RML-4, que é significativamente igual ao RML-95. Foi observada uma diferença altamente significativa no diâmetro da espiga em função da data de plantio. A diferença mais significativa foi observada no diâmetro da espiga em função da data de plantio. O maior diâmetro da espiga foi observado quando as linhas consanguíneas foram plantadas a 12 de setembro e o menor diâmetro da espiga foi observado quando a plantação teve lugar a 2 de setembro. Foi encontrada uma diferença altamente significativa no diâmetro da espiga entre os genótipos. O maior diâmetro de espiga foi observado no RML-4, que estava estatisticamente empatado com o NML-2 e o RML-17. O menor diâmetro de espiga foi observado no RML-32.

Não foram encontradas diferenças significativas no número de linhas por espiga entre os genótipos, tendo em conta as datas de sementeira, o que reflecte a estabilidade genética deste parâmetro. Estes resultados não estão de acordo com os de Hassan (1998) que observou um efeito significativo das datas de sementeira no número de linhas por espiga. Foram observadas diferenças muito significativas entre os genótipos no número de linhas por espiga. O maior número de fileiras por espiga foi observado no RML-95, que ficou estatisticamente empatado com o RML-4, RML-86 e RML-96. O menor número de fileiras por espiga foi observado no RML-32.

Foi observada uma diferença significativa no número de grãos por linha em função das datas de plantação. O maior número de grãos por linha foi observado quando os genótipos foram plantados a 12 de setembro, o que é estatisticamente equivalente a 2 de setembro, e o menor número de grãos por linha foi observado quando os genótipos foram plantados a 22 de setembro. O número máximo de grãos por linha nas sementeiras mais precoces pode dever-se a um período vegetativo e reprodutivo prolongado, que permitiu que as plantas produzissem mais matéria seca, a qual foi eficientemente utilizada por um período prolongado de enchimento do grão, resultando num maior número de grãos por linha. Estes resultados estão de acordo com os de Hassan (1998), que verificou que o número de grãos por linha diminuía com o atraso da data de sementeira. Foram observadas diferenças muito significativas entre os genótipos no que respeita ao número de grãos por linha. O maior número de grãos por fileira foi encontrado no genótipo RML-17 e o menor número de grãos por fileira foi observado no genótipo RML-4, que é estatisticamente igual ao RML-95.

Quadro 19. Efeitos de interação das datas de plantação e dos genótipos no rendimento de grãos

Data de plantação	Genótipos						
	ECO-2	RML-17	RML-32	RML-4	RML-86	RML-95	RML-96
Set2	0.84	2.44	0.745	0.715	0.985	1.195	1.105
Setembro12	0.833	1.562	0.712	0.977	1.327	1.008	1.16
Set22	1.535	1.93	0.82	0.82	1.155	0.98	1.34
Teste F: 0,068							
$LSD0_{.05}$:0.5242							
CV:21.8							

Quadro 20. Efeitos de interação das datas de plantação e dos genótipos no peso experimental

Data de plantação	Genótipos						
	ECO-2	RML-17	RML-32	RML-4	RML-86	RML-95	RML-96
Set2	200.6	189.37	161.4	159.64	109.63	122.29	191.84
Setembro12	228.57	269.05	170.18	201.42	180.95	168.56	221.92
Setembro22	197.98	178.2	165.59	221.51	215.17	131.71	138.92
Teste F:<0,01							
$LSD0_{,05}$:0,291							
CV:0,1%.							

Quadro 21. Efeito de interação das datas de plantação e dos genótipos no rendimento (toneladas/ha)

Data de plantação	Genótipos						
	ECO-2	RML-17	RML-32	RML-4	RML-86	RML-95	RML-96
Set2	0.46	2.89	1.63	1.89	1.91	1.42	1.66
Setembro12	1.38	2.95	2.22	2.66	2.91	2.29	2.45
Setembro22	2.82	2.96	1.22	2.57	2.73	1.84	1.09
Teste F:<0,01							
$LSD_{0,05}$:0,183							
CV:4.2							

Tabela 22. Efeito das datas de sementeira e dos genótipos no rendimento de grãos, peso específico e rendimento

Tratamento	Rendimento das espigas (kg)	Peso de ensaio (gm.)	Rendimento (toneladas/ha)
Data de plantação			
2 de setembro	1.146[a]	162.1[c]	1.695[c]
12 de setembro	1.083[a]	205.8[a]	2.41[a]
22 de setembro	1.226[a]	178.4[b]	2.174[b]
Teste F	0.341	<0.01	<0.01
$LSD0_{.05}$	0.1981	0.11	0.069
Genótipos			
ECO-2	1,069[bc]	209[b]	1.557[f]
RML-17	1.977[a]	212.2[a]	2.933[a]
RML-32	0.759[d]	165.7[f]	1.69[e]
RML-4	0.837[c]	194.2[c]	2.375[c]
RML-86	1.156[abc]	168.6[e]	2.515[b]
RML-95	1,061[bc]	140.9[g]	1.848[d]
RML-96	1.202[b]	184.2[d]	1.734[e]
Teste F	<0.01	<0.01	<0.01
$_{LSD}0.05$	0.3027	0.168	0.106
CV	21.8	0.1	4.2

Não foi observada diferença significativa entre os genótipos no rendimento de grãos, levando em conta as datas de plantio, enquanto uma diferença altamente significativa foi observada entre os genótipos no rendimento de grãos. O maior rendimento de espiga foi observado no RML-17 e o menor no RML-32. Foi observada uma diferença muito significativa no peso específico entre os genótipos em função das datas de plantação. O peso específico mais elevado foi observado quando os genótipos foram plantados a 12 de setembro e o mais baixo foi observado quando os genótipos foram plantados a 2 de setembro. Os grãos mais pesados obtidos com a plantação mais precoce podem ser devidos a um período prolongado de crescimento e enchimento dos grãos, o que permitiu às plantas produzir grãos gordos e carnudos. Estes resultados são consistentes com os resultados de Rizzardi *et al* (1994), cha e chol (1995) que relataram uma redução no peso de 1000 grãos com o atraso da data de sementeira. Foi encontrada uma diferença muito significativa entre os genótipos no que respeita ao peso específico. O maior peso específico foi observado no RML-17 e o menor no RML-95. Foi observada uma diferença muito significativa no rendimento de grãos entre os genótipos de acordo com as datas de plantio. O maior rendimento de grãos foi observado quando os genótipos foram plantados a 12 de setembro, enquanto o menor rendimento foi observado quando os genótipos foram plantados a 2 de setembro. A aplicação da data de sementeira óptima para as cultivares de milho tem um efeito positivo no rendimento de grãos e no índice fisiológico do milho. O estudo revelou que tanto a data de sementeira como a cultivar tiveram um efeito significativo no rendimento grãos de das cultivares de milho utilizadas em condições de campo. Foram obtidos resultados semelhantes quando a data de sementeira e a variedade influenciaram significativamente o rendimento de 1000 quilowatts (Quavvum e Raquibullah, 1987: Abdul Rahman *et al.,* 2001; Nielson *et al.,* 2002). A interação entre a data de sementeira e a cultivar teve um efeito significativo no rendimento de grãos. Este resultado está de acordo com as conclusões de Otegui *et al* (1995), segundo as quais a data de sementeira óptima deu um rendimento de grãos mais elevado do que as datas de sementeira precoce e tardia, devido ao maior número de espigas e ao maior número de grãos por planta. Foi encontrada uma diferença altamente significativa no rendimento de grãos entre os genótipos. O maior rendimento de grãos foi observado no RML-17 e o menor no NML-2.

5 CONCLUSÃO

O rendimento e as caraterísticas agro-morfológicas das linhas puras de milho variaram de acordo com as diferentes datas de sementeira. A linha pura RML-17 foi superior em termos de rendimento de grãos e caraterísticas relacionadas com o rendimento, como o comprimento da espiga, o número de grãos por linha e o peso de teste. Por conseguinte, esta linha pura foi considerada adequada para a sementeira de inverno. A data de sementeira adequada foi 12 de setembro para obter o maior rendimento de grãos. A investigação mostrou que um maior atraso na data de sementeira reduzia o rendimento.

LITERATURA CITADA

Abdul Rahman, A.M., E. Lazim Mogboul e E.N. Abdollatief, 2001. Efeitos da data de sementeira e da cultivar no rendimento do milho e nas suas componentes no norte do Sudão. Actas da Sétima Conferência Regional sobre o Milho da África Oriental e Austral. Conferência Regional do Milho, 11-15 de fevereiro, Nairobi, Quénia, 295-298.

Adhikari, K. 2000. Maize research strategy in Nepal (Estratégia de investigação do milho no Nepal). Pp 25-36. Em: Adhikari K. e B. Batsa (eds). Actas do 22° Workshop Nacional de Culturas de verão, Rampur, Chitwan, Nepal. Programa Nacional de Investigação do Milho.

Al-Darby, A.M., Lowery, B., 1987. Temperatura da zona de sementes e crescimento inicial do milho com três sistemas de lavoura de conservação. Proc. Soil Sci. Soc. Am. 28, 272-275.

Aldrich, S. R., W. O. Scott e R. G. Hoeft. 1986. Modern corn production. A and Publ, Champaign, IL.

Aldrich, S. R., W. O. Scott e E. R. Lengh. 1975. Modern corn production. 2(nd) ed, A & L Publications, Champaign, III. Pp 103-117.

Allen, J. R.-McKee, G. W.-McGahen, J. H. (1973) : Número de folhas e maturidade no milho híbrido. *Agron. J.,* 65. 233-235.

Amin M. 2011. Efeito de diferentes fontes de azoto no crescimento, rendimento e qualidade do milho forrageiro. *Jornal da Sociedade Saudita de Ciências Agrícolas,* 10:17-23.

Anderson, S. R., M. J. Lauer, J. B. Schoper e R. M. Shibles. 2004. Efeitos do momento da polinização na fixação do grão e na recetividade da seda em quatro híbridos de milho. *Crop Sci.* 44 : 464473.

Andrade, F.H., P. Calvino, A. Cirilo e P. Barbieri. 2002. A resposta da produtividade às fileiras estreitas depende do aumento da interceção da radiação. *Agronomy Journal,* 94 : 975-980.

Andrade, F. H., S. A. Uhart e M. I. Frugone. 1993. Radiação interceptada na floração e número de grãos em milho: efeitos da sombra e da densidade de plantas. *Crop Sci.* 33, 482485.

Andrade, F.H., S.A. Uhart, A. Cirilo. 1993. A temperatura afeta a eficiência do uso da radiação no milho. *Field Crops Res.* 32, 17-25.

ARC-GCI. 2002, Guia de Informação sobre o Milho. ARC-Grain Crop Institute, Potchefstroom, África do Sul. Pp. 31-38.

ARC-GCI.1999. Guia de informação sobre o milho. ARC-Grain Crop Institute, Potchefstroom, África do Sul.

Argenta, G., P.R.F. Silva e L. Sangoi. 2001. Arranjo de plantas emmilho: analise do estado da arte. *Ci. Rur.* 31, 1075-1084.

Bassetti, P. e M. E. Westgate. 1993. Emergência, alongamento e senescência de sedas de milho. *Crop Sci.* 33, 271-275.

Berger, J.1969. Produção de milho e adubação. *J. Agric. Res.* 1, 293-302.

Berzsenyi, Z., D.Q.Lap.2001. Efeito da época de sementeira e da fertilização com N no rendimento e na estabilidade do rendimento de híbridos de milho *(Zea mays* L.) entre 1991 e 2000. *Ata A gronomica Hungarica.* ,50, 309-331.

Bola'nos, J., G.O. Edmeades. 1996. A importância do intervalo antese-silagem no melhoramento para tolerância à seca no milho tropical. *Field Crops Res.* 48, 65-80.

Boyat, A., F. Kaan & A. Panouille. 1990. Adaptation de 4 Types varietaux de maïs aux fortes densites de peuplement. In: Picard, D. (Ed.), *Physiologie etproductiondu mais.* INRA, Paris, pp. 335-343.

Brink, M. e G. Belay, (editores). 2006. Recursos vegetais da África tropical 1. Cereais e leguminosas. Fundação PROTA, Universidade de Wageningen, Países Baixos/Backhuys Publishers, Fundação, Países Baixos / CTA, Wageningen, Países Baixos. p.298

Cantarero, M.G., S.F. Lugue, O.J. Rubiolo. 2000. Efeitos da data de semeadura e da densidade de plantio no número de grãos e no rendimento de um híbrido de milho na região central de Córdoba, *Argentina. J. Agric. Sci.* 17(3) ,10.

Cha,T.H. e H.O.Chol.1995. A influência do carácter de maturação e da alteração da massa de 1000 grãos de híbridos de milho em zonas de montanha no rendimento. Academia de Ciências Agrícolas da República Popular Democrática da Coreia.1:32-35.

Cirilo, A.G. e F. H. Andrade. 1994. Data de semeadura e produtividade do milho: I. Crescimento e distribuição de matéria seca. *Crop Sci.* 34, 1039-1043.

Corke, H. e L. W. Kannenberge. 1989. Seleção para a duração da fase vegetativa e do período de enchimento real no milho de estação curta. *Crop Sci.* 29, 607-612.

Daynard, T.B. 1972. Relações entre a formação da camada negra, a percentagem de humidade dos grãos e a acumulação de unidades de calor no milho. *Agron. J.* 64, 716-719.

Derieux, M., R. Bonhomme, J. B. Duburco e F. Ruget. 1985. Variações do número de grãos em diferentes genótipos de milho. *Agron. J.* 5, 355-359.

Dowswell, C. R., R.L. Paliwal e R.P. Cantrell.1996. Maize in 3rd World. West Views press, Inc. Colorado, EUA.

Dwyer, L.M., D.W. Stewart, D.D., Hamilton, R.I. e Houwing, L., 1992. Posicionamento da espiga e distribuição vertical da área foliar no milho. *Agronomy Journal,* 84:430-438.

Edmeades, G.O., J. Bola'nos, A. Elings, J.-M. Ribaut, M. Banziger, M.E. Westgate. 2000. The role and regulation of the anthesis-silking interval in maize. In: Westgate, M.E., K. Boote, (Eds.), Physiology and Modeling Kernel Set in Maize. CSSA, Madison, WI, EUA, pp. 43-73.

Green, T. S. M. Ender e J. J. Mock. 1985. Effect of sowing dates on maize yields (Efeito das datas de sementeira no rendimento do milho). *Agric. Sci.* 20, 51-63.

Gyenes-Hegyi, Z., Kizmus, L., Zsubori, L. e Marton, L.C. 2002. Altura da planta e altura da espiga principal no milho em diferentes locais e diferentes densidades de plantas. Ata Agr.Hungarica, 50 : 75-84.

Hammer, G.L., Z. Dong, G. McLean, A. Doherty, C. Messina, J. Schussler, C. Zinselmeier, S. Paszkiewicz e M. Cooper. 2009. Can changes in canopy and/or root system architecture explain historical maize yield trends in the U.S. corn belt. *Crop Science,* 49(1):299-312.

Hassan, K.H.1998. Resposta de algumas cultivares de milho a datas de plantação precoces em condições salinas no oásis de Siwa. *Annals Agric.Sci.Cairo*.43:391-401.

Hicks, D. R., J. D. Harrington e J. H. Mcgahen. 1993. Maximizing the advantages of early corn planting. National Corn Handbook, Crop Management. Serviço de Extensão Cooperativa da Universidade de Purdue. West Lafayette, Indiana. NCH-35.

Imholte, A. A., P. R. Carter, 1987: Data de plantação e efeitos da lavoura no milho que segue o milho. *Agron. J.* 746-751.

Johnson, R.R., D.L. Mulvaney. 1980. Desenvolvimento de um modelo para utilização em decisões de replantação de milho. *Agron. J.* 72, 459-464.

Jones, J.W., B.Zur,., J.M. Bennett. 1986. Efeitos interactivos das tensões de água e azoto nas trocas de carbono e vapor de água nas copas do milho. *Agric. Forest Meteorol.* 38, 113-126.

Lauer, J.G. 1998. The Wisconsin Comparative Relative Maturity (CRM) System for Corn. http://www. corn.agronomy.wisc.edu/AA/A021.aspx (verificado em 8.03.09).

Lauer, J.G., P.R. Carter, T.M. Wood, G. Diezel, D.W. Wiersma, R.E. Rand, M.J. Mlynarek. 1999. Corn hybrid response to planting date in the Northern Corn Belt. *Agron J.,* 91, 834-839.

Maddonni, G. A., M. E. Otegui e R. Bonhomme. 2004. Componentes do rendimento do grão de milho: II. Crescimento pós-silagem e peso do grão. *Field Crops Res.* 56, 257-264.

McKee, G. W., J. H. McGahen, R. A. Peiffer, J. R. Allen.1974. Inter-relações entre maturidade, área foliar inex, tempo de formação da camada negra, unidades de calor e rendimento de 120 híbridos de milho. Agron. Abstr. 87.

Ministério do Desenvolvimento Agrícola, Divisão de Promoção e Estatística do Agronegócio, Singh Durbar, Katmandu, Nepal.

Modelação da produção, armazenamento e exportação de hidratos de carbono em milho normal e com folhas. *Crop Sci.* 37, 1228-1236.

Monteith, J.L., 1977. Climate and the efficiency of crop production in Britain. Philos. Trans. R. Soc. Ser. B 281, 277-329.

Mosisa Worku, Jemale Abdurehman, Leta Tulu, Haji Tuna, Legesse Wolde, Kassa Yihun, Wonde Abera, Aschalew Guta, Sewagegne Tarikue, Teshale asefa, Tamirat Birhanu, Yosef Beyene e Habtamu Zeleke. 2001. Desenvolvimento de germoplasma de milho melhorado para as agroecologias sub-húmidas de média e baixa altitude da Etiópia. In: Improving the Contribution of Maize to Food Security in Ethiopia: Proceedings of the Second National Maize Workshop in Ethiopia: CIMMYT (International Maize and Wheat Improvement Center) and EARO (Ethiopian Agricultural Research Organization). Pp: 27-30.

Muchow, R.C., P.S. Carberry. 1989. Controlo ambiental da fenologia e do crescimento foliar no milho tropical adaptado. *Field Crops Res.* 20, 221-236.

Comissão Nacional de Planeamento. 1994. Agricultural Statistics of Nepal: Revised series on cultivated area (1974/75 - 1991/92), Kathmandu, Nepal.

Nielson. R. L., P. R. Thomison , G. A. Brown, A. L. Halter, J. Wells, K.L. Wuethricc. 2002. Delayed planting date effects on flowering and grain maturation of corn (Efeitos do atraso da data de plantação na floração e maturação do grão de milho). *Agron. J,* 94, 549-558.

Norwood, C.A. 2001. Produção de milho de sequeiro no Kansas Ocidental: Efeito da maturidade dos híbridos, data de plantação e população de plantas. *Agron. J.,* 93, 540-547 .

Obilana, A. T.-Hallauer, A. R. (1974): Estimativa da variabilidade de caracteres quantitativos em BSSS usando linhas consanguíneas não selecionadas de milho. *Crop Science* 14. 99-103.

Otegui M.E., M.G. Nicolini, R.A. Ruiz, P.A. Dodds. 1995. Efeitos da data de sementeira nas componentes do rendimento de grãos de diferentes genótipos de milho. *Agron. J.* 87:29-33.

Otegui, M. E. e S. Melon. 1997. Floração e sincronização de flores em espiga de milho: I. Efeitos da data de sementeira. *Crop Sci.* 37, 441-447.

Otegui, M.E., F.H. Andrade, E.E. Suero. 1995. Crescimento, uso de água e aborto de grãos de milho submetidos a seca na silagem. *Field Crops Res.* 40,87-94.

Otegui, M.E., R.A.Ruiz, D. Petruzzi. 1996. Modelação dos efeitos do híbrido e da data de sementeira no rendimento potencial de grãos do milho numa região temperada húmida. *Field Crops Res.47,* 167-174.

Efeitos do momento da polinização na formação do grão e na recetividade da seda em quatro híbridos de milho. *Crop Sci.* 44, 464-473.

Quayyum, M.A. e S.M. Raquibullah, 1987. Efeito das datas de sementeira no rendimento de grãos e nas caraterísticas de rendimento de quatro variedades de milho no Bangladesh. Conferência Científica Anual do Bangladesh, Dhaka, Bangladesh, 10-14 de janeiro de 1987.

Rajan, I. e C.T. Swanton.2001. Understanding maize *(Zea mays* L.)-weed competition resource competition, light quality and the whole plant. *Field Crops Research,* 71:139- 150.

Rizzardi,M.A., D.Witech e I.Deggerone. 1994. Rendimento de grãos e componentes de rendimento de cultivares de milho em duas datas de semeadura. *Ciencia Rural.24:477-482.*

Russelle, M. P. R. A .Olson, R. D. Hauck. 1987: Interações entre a data de plantação e a gestão do azoto no milho irrigado. *Field Crops Res,* Amsterdão, 349-362.

Sangoi L. 2001. Compreender os efeitos da densidade de plantas no crescimento e desenvolvimento do milho: uma questão importante para maximizar o rendimento do grão.

Ciência Rural, 31(1): 159-168.

Sangol, L e R. J. Salvador. 1998. Influência da altura da planta e do número de folhas na produção de milho em altas densidades. Pesquira Agropecuaria Brasileira. Brasília. 33, 297-306.

Sangol, L. 1993. Aptidao dos campos de langes (SC) para producao de milho em diferentes epocas de semeadura. Pesquira Agropecuaria Brasileira. Brasilia. 28, 51-63.

Sarvari, M., Z. Futo. 2000. Correlação entre a data de sementeira, o rendimento e o teor de grãos de híbridos de milho no solo de Chernozem. Debreceni Egyetem Agrartudomany Kozlemdnyek J., 1, 32-41.

Shumway C.R., J.T. Cothren, S.O. Serna-Saldivar, L.W. Rooney. 1992. Efeitos da data de plantação e do nível de humidade no rendimento do grão, na qualidade física do grão e nas caraterísticas de processamento alcalino do milho de qualidade alimentar. Crop Sci. 32:1265-1269.

Sorensen, I., P. Stone, B. Rogers.2000. Efeito da época de sementeira no rendimento de um híbrido de milho de curta e longa duração. Proc. Agron. Soc. N.Z. 30, 63-66.

Staggenborg, S.A., D.L. Fjell, D.L. Devlin, W.B.Gordon, L.D. Maddux, B.H. Marsh. 1999. Seleção de datas de plantação e populações de plantas óptimas para o milho de sequeiro no Kansas. *J. Prod. Agric.* 12, 85-90.

Sutton, L. M. e R. E. Stucker. 1974. Graus-dia de crescimento para a camada preta comparados com a classificação de maturidade relativa de híbridos de milho. *Crop Sci.* 14, 408-412.

Taylor, H. M e P. S. Blackett. 1982. Soybean and maize yield as affected by row spacing, planting dates and seasonal water supply. *Agron. J.* 80, 930-935.

Tenaw Workayehu. 2000. Efeito das taxas de fertilizantes azotados e da densidade de plantação no rendimento do grão de milho. *African Crop Science Journal,* 8 (3): 273-282.

Thapa R B, D R. Dangol. Um levantamento preliminar da flora de ervas daninhas no IAAS e na sua vizinhança. In: F. P. Neupane (ed.) IAAS Research Report (1985-1991). Instituto de Agricultura e Ciência Animal, Rampur, Chitwan, Nepal, 1988, pp. 59-65.

Tokatlis, I.S. & S.D. Koutroubas. 2004. A review of maize hybrids dependence on high plant populations and its implications for crop yield stability. *Field Crops Research,* 49:119- 126.

Tollenaar, M. e A. Aguilera. 1992. Eficiência de utilização da radiação de um híbrido de milho antigo e de um híbrido de milho novo. *Agron. J.* 84, 536-541

Tollenaar, M e T. W. Bruulsema. 1998. Effects of temperature on the rate and duration of dry matter accumulation in maize grains (Efeitos da temperatura na taxa e duração da acumulação de matéria seca nos grãos de milho). *Can. J. Plant Sci.* 68, 935-940.

Tollenaar, M., A. Aguilera e S.P. Nissanka. 1997. O rendimento de grãos é mais reduzido pela interferência de ervas daninhas em um híbrido de milho antigo do que em um novo. *Agronomy Journal,* 89 (2):239- 246.

Troyer, A. F., J. R. Larkins. 1985. Seleção para floração precoce em milho: 10 sintéticos tardios. Crop Sci. 25. 695-697.

Tsimba, R., 2011. Desenvolvimento de um sistema de apoio à decisão para determinar a melhor opção de data de sementeira para híbridos de milho (*Zea mays* L.) em sistemas de gestão típicos da Nova Zelândia. Universidade de Massey, Nova Zelândia, pp. 261 (tese de doutoramento).

Tsimbaa R., G. O. Edmeades, J. P. Millner, P.D. Kemp.2013. "O efeito da data de plantio no rendimento de grãos de milho e componentes de rendimento". Pesquisa de Culturas de Campo, 10.

MIX
Papier aus verantwortungsvollen Quellen
Paper from responsible sources
FSC® C105338

Printed by Books on Demand GmbH, Norderstedt / Germany